河南省土木建筑学会标准

地下工程混凝土结构自防水技术标准

Technical standard for self-waterproofing of underground concrete structures

T/YJB 0038-2021

主编单位:河南省建筑科学研究院有限公司

批准单位:河南省土木建筑学会

施行日期:2022 年 1 月 1 日

黄河水利出版社

2021   郑 州

图书在版编目(CIP)数据

地下工程混凝土结构自防水技术标准/河南省建筑科学研究院有限公司主编. —郑州:黄河水利出版社,2021.12

ISBN 978-7-5509-3161-9

Ⅰ.①地… Ⅱ.①河… Ⅲ.①地下工程-混凝土结构-建筑防水-技术标准 Ⅳ.①TU94-65

中国版本图书馆 CIP 数据核字(2021)第 240888 号

出　版　社:黄河水利出版社

　　　　地址:河南省郑州市顺河路黄委会综合楼 14 层　邮政编码:450003

发行单位:黄河水利出版社

　　　　发行部电话:0371-66026940、66020550、66028024、66022620(传真)

　　　　E-mail:hhslcbs@126.com

承印单位:郑州豫兴印刷有限公司

开本:850 mm×1 168 mm　1/32

印张:1.5

字数:37 千字

版次:2021 年 12 月第 1 版　　　　印次:2021 年 12 月第 1 次印刷

定价:38.00 元

河南省土木建筑学会文件

豫土建学字〔2021〕70号

关于发布河南省土木建筑学会标准
《地下工程混凝土结构自防水技术标准》的公告

现批准《地下工程混凝土结构自防水技术标准》为河南省土木建筑学会标准,编号为 T/YJB 0038-2021,自 2022 年 1 月 1 日实施。

河南省土木建筑学会

2021 年 10 月 13 日

前　言

为了提高地下工程防水质量,践行节能减排和环境保护政策,规范地下工程混凝土结构自防水技术,标准编制组根据近年来地下工程混凝土结构自防水技术的应用实践,认真总结经验,按照现行国家标准和行业标准的要求,并在广泛调查和征求意见的基础上,编制本标准。

本标准共分7章。主要技术内容包括:总则、术语和符号、防水设计、自防水混凝土、附加防水层、地下工程渗漏水治理、质量验收。

本标准由河南省土木建筑学会负责管理,由河南省建筑科学研究院有限公司负责具体技术内容的解释。执行过程中如有意见或建议,请反馈给河南省建筑科学研究院有限公司(郑州市金水区丰乐路4号,邮编450053),以供今后修订时参考。

主编单位:河南省建筑科学研究院有限公司

参编单位:广西大胡子防水科技有限公司

河南涵宇特种建筑材料有限公司

河南省许昌华诚新型建材有限公司

郑州骡鑫工程材料科技有限公司

河南博浪实业有限公司

机械工业第六设计研究院有限公司

郑州大学

河南省建科院工程检测有限公司

河南建总国际工程有限公司

河南省建设安全监督总站

郑州一建集团有限公司

河南红牡丹防水有限公司

河南航天建筑工程有限公司

主要起草人:薛　飞　王新民　米金玲　黄晶晶　孟建伟

　　　　　　高金平　丁亚坤　朱学伟　孙绎敬　邢上志

　　　　　　李小春　罗忠涛　孙朝龙　于鹏飞　崔艳玲

　　　　　　周红军　吕明宇　高学建　张　强　翟战胜

　　　　　　刘琬真　李俊芬　谭克俊　李汶晋　马艺航

　　　　　　陈丽平　张春雷　周恒宇　牛相峰　李玉会

　　　　　　庞　涛　夏苏豫

主要审查人:周集建　程　党　岳建伟　李向阳　王爱华

　　　　　　陈全营

目　次

目 次

1 总 则

1.0.1 为规范地下工程混凝土结构自防水设计和施工技术,满足绿色环保、技术先进、经济合理、安全适用的要求,符合当地的技术、经济发展水平和地域特点,制定本标准。

1.0.2 本标准适用于工业与民用建筑、市政、地铁等地下工程混凝土结构自防水的设计、施工和质量验收。

1.0.3 地下工程混凝土结构自防水的设计和施工应满足国家现行有关环境保护、安全与劳动防护的标准要求。

1.0.4 地下工程混凝土结构自防水的设计、施工和质量验收,除应符合本标准外,尚应符合国家和当地现行相关标准的规定。

2 术语和符号

2.1 术 语

2.1.1 刚性防水 rigid waterproof practice

刚性防水是指由不易变形的构配件通过构造连接而成的防水做法。

2.1.2 自防水混凝土 self-waterproof concrete

自防水混凝土是通过掺加具有防水、抗冻、防腐、阻锈等功能的外加剂,使其具有抗水渗透、抗氯离子渗透和抑制裂缝等改善混凝土长期性能和耐久性能,并达到防水设防要求的一种混凝土。

2.1.3 混凝土结构自防水 self-waterproof of concrete structure

混凝土结构自防水属于刚性防水,是指结构主体采用自防水混凝土,并通过优化配筋等技术实现混凝土结构自防水,同时对变形缝、后浇带、施工缝等细部构造进行防水密封处理,根据工程需要增设附加防水层,形成防水、抗渗功能主要依赖主体结构的一种防水体系。

2.1.4 附加防水层 additional waterproof layer

附加防水层是指在自防水混凝土基面上附加的一层具有防水能力的防水材料层,包括但不限于现行标准规定的水泥基涂料防水层、水泥砂浆防水层等。

2.1.5 早期裂缝降低率 early fracture reduction rate

早期裂缝降低率指基准混凝土与受检混凝土单位面积上总开裂面积之差与基准混凝土单位面积上总开裂面积的比值。

2.2 符 号

c——单位面积上的总开裂面积;

D——密度；

D_{RCM}——氯离子迁移系数；

H——工程埋置深度；

Q_S——电通量；

S——固体含量标称值；

X——固体含量测试值。

3 防水设计

3.0.1 地下工程混凝土结构自防水的设计和施工应遵循"防、排、截、堵"相结合,因地制宜,综合治理的原则。

3.0.2 地下工程混凝土结构自防水方案应在气候条件、水文地质环境、现场施工条件和周边环境等资料的基础上,根据工程规划、结构设计、材料选择、结构耐久性和施工工艺等确定。

3.0.3 地下工程混凝土结构自防水的设计应包括下列内容:

    1 防水等级;

    2 自防水混凝土的抗渗等级、结构裂缝和结构耐久性技术指标;

    3 防水层细部构造层次和防水节点构造设计;

    4 工程细部构造的防水措施,选用的防水材料类别、规格型号、工艺要求及其主要技术指标;

    5 工程的防排水系统,地面挡水、截水系统,以及工程各种洞口的防倒灌措施。

3.0.4 地下工程的防水等级判定标准和适用范围应符合现行国家标准《地下工程防水技术规范》GB 50108 的规定。

3.0.5 附建式地下工程的防水设防高度,高出室外地坪完成面不应小于 500 mm。

3.0.6 地下工程主体结构采用自防水混凝土,底板(筏板)、侧墙、顶板的结构自防水设计应符合下列规定:

    1 地下工程的底板(筏板)、侧墙和顶板自防水混凝土的设计,结构厚度不应小于 250 mm;底板下垫层混凝土强度不应低于 C15,厚度不应小于 100 mm,在软弱土层中不应小于 150 mm。

    2 变形缝处混凝土结构的厚度不应低于 300 mm。

    3 施工缝、穿墙螺栓孔、穿墙管道根部、预留通道接头等防水节点应强化处理。

    4 用于地下工程的防水材料不得对人体、生物和水土环境产生有害影响。

3.0.7 地下工程混凝土结构自防水顶板不宜采用现浇空心楼盖、无梁楼盖和预应力混凝土空心楼板结构。

3.0.8 地下工程混凝土结构自防水细部构造防水的设计,应符合现行国家标准《地下工程防水技术规范》GB 50108 的规定。

3.0.9 制订地下工程混凝土结构自防水方案时,应根据工程结构防水等级、地质条件以及周围环境要求选用合理的排水措施,并应符合现行国家标准《地下工程防水技术规范》GB 50108 的规定。

4 自防水混凝土

4.1 一般规定

4.1.1 自防水混凝土应进行配合比设计,并应做到耐久适用、经济合理。

4.1.2 自防水混凝土配合比设计,应按相关国家标准的规定执行。自防水混凝土的原材料、拌和物、力学和耐久性等性能必须满足规范和设计要求。

4.1.3 附加防水层与自防水混凝土基层之间必须结合牢固、可靠,且彼此相容,使整体具有良好的结合性和耐久性。采用两种以上混凝土外加剂的工程,应经化学相容性检测,合格后,方可施工。

4.1.4 自防水混凝土的总碱量(Na₂O 当量)不得大于 3.0 kg/m³;氯离子含量不应超过胶凝材料总量的 0.10%。

4.2 原材料

4.2.1 自防水混凝土用水泥除应符合现行国家标准外,尚应符合下列规定:

   1 水泥品种宜采用硅酸盐水泥、普通硅酸盐水泥;

   2 在受侵蚀性介质作用时,应按介质的性质选用相应的水泥品种或掺加相应掺合料。

   3 不得将不同品种或强度等级的水泥混合使用。

4.2.2 自防水混凝土用矿物掺合料应符合下列规定:

   1 粉煤灰应符合现行国家标准《用于水泥和混凝土中的粉煤灰》GB/T 1596 的规定,其级别不应低于 Ⅱ 级;

   2 硅粉应符合现行国家标准《砂浆和混凝土用硅灰》GB/T 27690 的规定;

3 粒化高炉矿渣粉应符合现行国家标准《用于水泥、砂浆和混凝土中的粒化高炉矿渣粉》GB/T 18046 的规定；

4 火山灰质材料应符合现行行业标准《水泥砂浆和混凝土用天然火山灰质材料》JG/T 351 的规定；

5 石灰石粉材料应符合现行行业标准《石灰石粉在混凝土中应用技术规程》JGJ/T 318 的规定；

6 复合掺合料应符合现行行业标准《混凝土用复合掺合料》JG/T 486 的规定；

7 使用其他掺合料时应符合相关标准规定的要求。

4.2.3 自防水混凝土用砂、石应符合现行行业标准《普通混凝土用砂、石质量及检验方法标准》JGJ 52 的规定。

4.2.4 自防水混凝土用水，应符合现行行业标准《混凝土用水标准》JGJ 63 的规定。

4.2.5 自防水混凝土中掺入外加剂时，其性能应符合相应现行国家标准的要求，且应经试验确定。用于自防水混凝土的外加剂匀质性能指标宜符合表 4.2.5 的要求。

表 4.2.5 匀质性能指标

检验项目	性能要求	测试方法
密度（kg/m³）	$D>1.1$ 时，要求 $D\pm0.03$； $D\leqslant1.1$ 时，要求 $D\pm0.02$； D 为生产厂控制值	GB/T 8077
氯离子含量（%）	应小于生产厂最大控制值	
总碱量（%）	应小于生产厂最大控制值	
水泥净浆流动度（mm）	不应小于生产厂最大控制值的±95%	
pH 值	应在生产厂控制范围内	

续表 4.2.5

检验项目	性能要求	测试方法
固体含量(%)	$S \geqslant 20\%$, $0.95S \leqslant X < 1.05S$; $S < 20\%$, $0.90S \leqslant X < 1.10S$; S 为生产厂提供的固体含量 (质量%); X 为测试的固体含量(质量%)	JC 474
安定性	合格	GB/T 1346

注:生产厂家应在产品说明书中明示产品匀质性指标的控制值。

4.2.6 受检混凝土的性能指标宜符合表 4.2.6 的要求。

表 4.2.6　受检混凝土的性能指标

项目		性能要求	测试方法
减水率(%)		≥25	
泌水率比(%)		≤50	
凝结时间差(min)	初凝	−90~+120	
	终凝		
抗压强度比(%)	1 d	≥170	GB 8076
	3 d	≥160	
	7 d	≥150	
	28 d	≥140	
28 d 收缩率比(%)		≤110	
含气量(%)		≤5.0	
渗透高度比(%)		≤30	JC 474
48 h 吸水量比(%)		≤65	
早期抗裂性能(%)		≥30	GB/T 50082

注:1. 具有多功能的外加剂应采用外掺法,混凝土坍落度按(180±10)mm 控制;

　　2. 凝结时间差的性能指标"−90"中的"−"表示提前,"+120"中的"+"表示延缓;

　　3. 早期抗裂性能以早期裂缝降低率表示。

4.2.7 自防水混凝土所采用的外加剂氯离子含量应小于0.10%。

4.2.8 自防水混凝土可根据工程抗裂需要掺入合成纤维或钢纤维,纤维性能应符合现行行业标准《纤维混凝土应用技术规程》JGJ/T 221 的规定,纤维的品种及掺量应通过试验确定。

4.3 质量控制

I 配合比设计

4.3.1 胶凝材料用量应根据混凝土的强度等级、抗裂性能及耐久性等要求选用,其总用量不宜小于 320 kg/m³。

4.3.2 在满足混凝土的强度等级、抗裂性能及耐久性的条件下,可降低水泥用量,水泥用量不宜小于 260 kg/m³。

4.3.3 抗渗混凝土最大水胶比应符合表 4.3.3 的规定。

表 4.3.3 抗渗混凝土最大水胶比

设计抗渗等级	最大水胶比	
	C20~C30	C30 以上混凝土
P10~P12	0.50	0.45
>P12	0.45	0.40

4.3.4 砂率宜为 35%~45%。

4.3.5 在工程运用中应根据现场实际情况和原材料性能调整施工配合比。

II 技术要求

4.3.6 自防水混凝土可通过调整配合比,或掺加外加剂、掺合料等措施配制而成,其抗渗等级不得小于 P10。

4.3.7 施工配合比应通过试验确定,试配混凝土的抗渗等级应比设计要求提高一个等级。

4.3.8 自防水混凝土的设计抗渗等级应符合表 4.3.8 的规定。

表 4.3.8 自防水混凝土的设计抗渗等级

工程埋置深度 H(m)	设计抗渗等级
$H<30$	P10
$H\geqslant30$	P12

注:1. 本表适用于 Ⅰ、Ⅱ、Ⅲ类围岩(土层及软弱围岩);

2. 山岭隧道防水混凝土的抗渗等级可按国家现行有关标准执行。

4.3.9 自防水混凝土采用预拌混凝土时,入泵坍落度宜在 120~160 mm 范围内,坍落度每小时损失值不应大于 20 mm,坍落度总损失值不应大于 40 mm,并应满足施工要求。

4.3.10 自防水混凝土配料应按配合比准确称量,其计量允许偏差应符合表 4.3.10 的规定。

表 4.3.10 自防水混凝土配料计量允许偏差

混凝土组成材料	每盘计量(%)	累计计量(%)
水泥、掺合料	±2	±1
粗、细骨料	±3	±2
水、外加剂	±2	±1

注:累计计量仅适用于微机控制计量的搅拌站。

4.3.11 自防水混凝土耐久性能的技术指标应符合下列规定:

    1 早期抗裂性能的等级划分应符合表 4.3.11-1 的规定。

表 4.3.11-1　早期抗裂性能的等级划分

等级	L-Ⅰ	L-Ⅱ	L-Ⅲ	L-Ⅳ	L-Ⅴ
单位面积上的总开裂面积 $c(\mathrm{mm^2/m^2})$	$c \geqslant 1\,000$	$700 \leqslant c < 1\,000$	$400 \leqslant c < 700$	$100 \leqslant c < 400$	$c < 100$

2 抗氯离子渗透性能的等级划分应符合表 4.3.11-2 的规定。

表 4.3.11-2　抗氯离子渗透性能的等级划分

抗氯离子渗透性能的等级			
氯离子迁移系数 D_{RCM}（RCM 法）（$\times 10^{-12}$ $\mathrm{m^2/s}$）		电通量法 Q_s（C）	
RCM-Ⅰ	$D_{\mathrm{RCM}} \geqslant 4.5$	Q-Ⅰ	$Q_s \geqslant 4\,000$
RCM-Ⅱ	$3.5 \leqslant D_{\mathrm{RCM}} < 4.5$	Q-Ⅱ	$2\,000 \leqslant Q_s < 4\,000$
RCM-Ⅲ	$2.5 \leqslant D_{\mathrm{RCM}} < 3.5$	Q-Ⅲ	$1\,000 \leqslant Q_s < 2\,000$
RCM-Ⅳ	$1.5 \leqslant D_{\mathrm{RCM}} < 2.5$	Q-Ⅳ	$500 \leqslant Q_s < 1\,000$
RCM-Ⅴ	$D_{\mathrm{RCM}} < 1.5$	Q-Ⅴ	$Q_s < 500$

注:当采用 RCM 法划分混凝土抗氯离子渗透性能等级时,混凝土测试龄期应为 84 d;当采用电通量法划分混凝土抗氯离子渗透性能等级时,混凝土测试龄期宜为 28 d。

4.3.12 自防水混凝土的其他性能指标应符合国家现行标准及设计文件的要求。

4.4　施　工

4.4.1 自防水混凝土施工前应做好降排水工作,浇筑混凝土的环境不得有积水。

4.4.2 预拌混凝土的初凝时间宜为 6~8 h。

4.4.3 自防水混凝土拌和物搅拌、运输应符合现行国家标准《预拌混凝土》GB/T 14902 的规定。在运输后如出现少量离析,应进行二次搅拌;混凝土离析严重的,不得进行施工浇筑。

4.4.4 当坍落度损失后不能满足施工要求时,应加入原水胶比的水泥浆或掺加同品种的减水剂进行搅拌,严禁直接加水。

4.4.5 地下结构自防水混凝土的浇筑应编制施工方案,同时应注意浇筑与振捣。

4.4.6 自防水混凝土浇筑完工后,应加强混凝土养护和保护措施,浇水养护不得少于 14 d。

4.4.7 自防水混凝土宜采用塑膜养护,低温条件下可采用保温材料覆盖。

4.4.8 自防水混凝土施工时应进行过程控制和质量检查;施工现场应建立各道工序自检和专职人员检查制度,并保留完整的检查记录。

5 附加防水层

5.1 一般规定

5.1.1 自防水混凝土基层应符合设计文件的要求,基层表面应无浮浆,无起砂、凹凸不平、裂缝现象。

5.1.2 附加防水层施工前,应先做好节点处理,再进行大面积施工。

5.1.3 附加防水层的最小厚度应符合表 5.1.3 的规定。

表 5.1.3 附加防水层最小厚度

基层种类	防水砂浆(mm)				聚合物防水涂料(mm)	水泥基渗透结晶型防水材料(mm)
	干粉聚合物	乳液聚合物	水泥防水砂浆	水泥素浆		
现浇混凝土	6	8	18	2	1.2	1.0

5.1.4 附加防水层应设在自防水混凝土的迎水面,也可根据防水功能的需求进行相应设置。

5.1.5 附加防水层施工完毕后,应及时回填。

5.2 砂浆防水层

5.2.1 水泥防水砂浆性能应符合现行国家标准《预拌砂浆》GB/T 25181 的要求。

5.2.2 聚合物水泥防水砂浆性能应符合现行行业标准《聚合物水泥防水砂浆》JC/T 984 的要求。

5.2.3 防水砂浆的制备应符合下列规定:

    1 应按照设计要求进行配合比设计;

2 配制聚合物乳液防水砂浆前,乳液应先搅拌均匀,再按规定比例加入拌和料中搅拌均匀;

3 聚合物干粉防水砂浆应严格按规定比例加水,并采用二次搅拌方式拌和均匀;

4 采用粉状防水剂配制防水砂浆时,应先将规定比例的水泥、砂和粉状防水剂干拌均匀,再加水搅拌均匀;

5 采用液态防水剂配制防水砂浆时,应先将规定比例的水泥和砂干拌均匀,再加入用水稀释后的液态防水剂搅拌均匀。

5.2.4 湿拌防水砂浆宜在 1~2 h 内用完,施工中严禁加水。

5.2.5 界面处理材料涂刷厚度应均匀、覆盖完全,收水后应及时进行砂浆防水层施工。

5.2.6 防水砂浆施工应符合下列规定:

1 厚度大于 10 mm 时应分层施工,应待前一层达到初凝后再涂抹后一层。

2 每层宜连续施工。当需留槎时,应采用阶梯坡形槎,接槎部位离阴阳角不得小于 200 mm;上下层接槎应错开 300 mm 以上。接槎应依层次顺序操作、层层搭接紧密。

3 涂抹时应压实、抹平,保证铺抹密实。

4 喷涂施工时,喷枪的喷嘴应垂直于基面,合理调整压力、喷嘴与基面的距离。

5 基层表面应做界面处理,并充分湿润。抹平、压实应在砂浆初凝前完成。

5.2.7 砂浆防水层转角宜抹成圆弧形,圆弧半径应大于或等于 5 mm,转角抹压应顺直。

5.2.8 砂浆防水层分格缝的留设位置和尺寸应符合设计文件要求。分格缝的密封处理应在防水砂浆达到设计强度的 80% 后进行,密封前应将分格缝清理干净,密封材料应嵌填密实。

5.2.9 砂浆防水层未达到硬化状态时,不得浇水养护或直接受雨水冲刷。聚合物水泥防水砂浆硬化后应采用合适的养护方法,养护时间不应少于 14 d。

5.3 涂料防水层

5.3.1 聚合物水泥防水涂料性能应符合现行国家标准《聚合物水泥防水涂料》GB/T 23445 的要求。

5.3.2 聚合物乳液防水涂料性能应符合现行行业标准《聚合物乳液建筑防水涂料》JC/T 864 的要求。

5.3.3 水泥基渗透结晶型防水材料的有关技术质量指标,应符合现行国家标准《水泥基渗透结晶型防水材料》GB 18445 的规定。

5.3.4 防水涂料施工应符合下列规定:

1 防水涂料应按配合比准确计量,搅拌均匀,配制好的涂料应色泽均匀,无颗粒悬浮物,无沉淀。

2 防水涂料应分层涂刷或喷涂,涂层应均匀,涂刷应待前遍涂层干燥成膜后进行。每遍涂刷时应交替改变涂层的涂刷方向,同层涂膜的先后搭压宽度宜为 30~50 mm。

3 防水涂料施工前应先对细部构造进行密封或增强处理,外设防水层需夹铺胎体增强材料时,其宽度不应小于 500 mm。

4 夹铺胎体增强材料时,应使防水涂料充分浸透胎体层,应无褶皱、翘边现象。胎体增强材料的搭接宽度不应小于 100 mm。上下两层和相邻两幅胎体的接缝应错开 1/3 幅宽,且上下两层胎体不得相互垂直铺贴。

5 涂刷水泥基渗透结晶型防水材料时,自防水混凝土基面应洗刷干净,涂层完成后应按施工技术要求充分养护。

6 外设防水层进行饰面层施工时,应做好涂料防水层的成品保护。

6 地下工程渗漏水治理

6.0.1 地下工程竣工验收前进行全面检查,对渗漏缺陷部位进行治理,治理后的防水效果应符合设计的防水等级要求。

6.0.2 渗漏水治理前宜进行现场勘察,掌握工程设计、防水施工及隐蔽工程验收记录等技术资料。

6.0.3 渗漏水治理施工不得影响结构安全,尽可能减少破坏防水层。

6.0.4 渗漏水治理施工时所采用的堵漏材料应符合相应的现行国家或行业标准的规定。

6.0.5 渗漏水治理的方案设计应符合现行行业标准《地下工程渗漏治理技术规程》JGJ/T 212 的规定。

6.0.6 渗漏水治理过程按照设计工序操作,并及时检查治理效果,做好隐蔽施工记录。

6.0.7 必要时,地下工程渗漏水治理采取降水或排水措施。

7 质量验收

7.1 一般规定

7.1.1 混凝土结构自防水工程质量验收除应符合现行国家标准《地下防水工程质量验收规范》GB 50208 的规定外,尚应符合下列规定:

    1 混凝土结构自防水应满足防水等级要求。

    2 混凝土结构自防水用防水材料应符合设计要求。

    3 找平层应平整、坚固,不得有空鼓、酥松、起砂、起皮现象。

    4 洞口、穿墙管、预埋件及收头等部位的防水构造,应符合设计要求。

    5 砂浆防水层应坚固、平整,不得有空鼓、开裂、酥松、起砂、起皮现象。防水层平均厚度不应小于设计厚度,最薄处不应小于设计厚度的 85%。

    6 涂料防水层应无裂纹、褶皱、流淌、鼓泡和露胎体现象。平均厚度不应小于设计厚度,最薄处不应小于设计厚度的 90%。

7.1.2 混凝土结构自防水用材料应具有相应的产品合格证和合格的出厂检验报告。对进场的防水材料应进行抽样复检,满足相应的现行规范要求。

7.1.3 附加防水层分项工程验收的具体内容应符合表 7.1.3 的要求。

表 7.1.3　附加防水层分项工程验收的具体内容

分项工程	具体内容
附加防水层 工程	砂浆防水层(普通水泥防水砂浆、聚合物水泥防水砂浆)
	涂料防水层(聚合物水泥防水涂料、聚合物乳液防水涂料、水泥基渗透结晶型防水材料)

7.1.4 混凝土结构自防水工程各分项工程宜按防水面面积进行抽检,每100 m² 抽查1 处,每处10 m²,且不得少于3 处;不足100 m² 时应按100 m² 计算。节点构造应全部进行检查。

7.2　分部工程验收

7.2.1 地下混凝土结构自防水工程质量验收的程序和组织应符合现行国家标准《建筑工程施工质量验收统一标准》GB 50300 的规定。

7.2.2 地下混凝土结构自防水工程检验批的合格判定应符合下列规定:

1 主控项目的质量经抽样检验全部合格。

2 一般项目的质量经抽样检验 80%以上检测点合格,其余不得有影响使用功能的缺陷;对有允许偏差的检验项目,其最大偏差不得超过规定允许偏差的 1.5 倍。

3 施工具有明确的操作依据和完整的质量检查记录。

7.2.3 地下混凝土结构自防水工程验收的文件和记录应按表 7.2.3 的要求执行。

表 7.2.3 防水工程验收的文件和记录

序号	项目	文件和记录
1	防水设计	设计图纸及会审记录,设计变更通知单
2	施工方案	施工方法、技术措施、质量保证措施
3	技术交底记录	施工操作要求及注意事项
4	材料质量证明文件	出厂合格证、质量检验报告和进场验收检验报告
5	中间检查记录	分项工程质量验收记录、隐蔽工程验收记录、施工检验记录、雨后或淋水检验记录
6	施工日志	逐日施工情况
7	工程检验记录	抽样质量检验、现场检查
8	施工单位资质证明及施工人员上岗证件	资质证书及上岗证复印件
9	其他技术资料	事故处理报告、技术总结等

7.2.4 地下工程混凝土结构自防水工程隐蔽验收记录应包括下列内容:

    1 密封防水处理部位;

    2 施工缝、变形缝、后浇带等防水构造做法;

    3 管道穿过防水层的封固部位;

    4 渗排水层、盲沟和坑槽;

    5 结构裂缝注浆处理部位;

    6 基坑的超挖和回填。

7.2.5 地下混凝土结构自防水工程验收后,应填写分项工程质量验收记录,并纳入工程技术档案。

本标准用词说明

1 为便于在执行本标准条文时区别对待,对要求严格程度不同的用词说明如下:

1)表示很严格,非这样做不可的用词:正面词采用"必须";反面词采用"严禁"。

2)表示严格,在正常情况下均应这样做的用词:

正面词采用"应";反面词采用"不应"或"不得"。

3)表示允许稍有选择,在条件许可时,首先应这样做的用词:

正面词采用"宜";反面词采用"不宜"。

4)表示有选择,在一定条件下可以这样做的,采用"可"。

2 条文中指定应按其他有关标准、规范执行时,写法为:"应符合……的规定"或"应按……执行"。

引用标准名录

下列标准所包含的条文,通过在本标准中引用而构成本标准条文。本标准出版时,所标版本均为有效。所有标准都会被修订,使用标准的各方应探讨使用下列标准最新版本的可能性。

1 《用于水泥和混凝土中的粉煤灰》GB/T 1596

2 《混凝土外加剂》GB 8076

3 《水泥基渗透结晶型防水材料》GB 18445

4 《地下工程防水技术规范》GB 50108

5 《地下防水工程质量验收规范》GB 50208

6 《建筑工程施工质量验收统一标准》GB 50300

7 《水泥标准稠度用水量、凝结时间、安定性检验方法》GB/T 1346

8 《混凝土外加剂匀质性试验方法》GB/T 8077

9 《预拌混凝土》GB/T 14902

10 《用于水泥、砂浆和混凝土中的粒化高炉矿渣粉》GB/T 18046

11 《聚合物水泥防水涂料》GB/T 23445

12 《预拌砂浆》GB/T 25181

13 《砂浆和混凝土用硅灰》GB/T 27690

14 《普通混凝土长期性能和耐久性能试验方法标准》GB/T 50082

15 《普通混凝土用砂、石质量及检验方法标准》JGJ 52

16 《混凝土用水标准》JGJ 63

17 《地下工程渗漏治理技术规程》JGJ/T 212

18 《纤维混凝土应用技术规程》JGJ/T 221

19 《石灰石粉在混凝土中应用技术规程》JGJ/T 318

20 《水泥砂浆和混凝土用天然火山灰质材料》JG/T 351

21 《混凝土用复合掺合料》JG/T 486

22 《砂浆、混凝土防水剂》JC 474

23 《聚合物乳液建筑防水涂料》JC/T 864

24 《聚合物水泥防水砂浆》JC/T 984

河南省土木建筑学会标准

地下工程混凝土结构自防水
技术标准

Technical standard for self-waterproofing of
underground concrete structures

T/YJB 0038-2021

条 文 说 明

目　次

1 总　则

1.0.1　随着地下空间的开发利用,地下工程渗漏水的情况时有发生,特别是近几年郑州市正在大力建设地下轨道交通,工程的设计使用寿命为 100 年,隧道的混凝土结构大多处于潮湿和地下水流经的环境中,遭受较为严重的碳化和地下水腐蚀性物质侵蚀作用,耐久性问题较为突出,对混凝土结构的自防水及耐久性要求也较高。迄今为止,尚未发现任何有机防水材料的使用年限能够与结构主体混凝土等同,因此发展地下室防水设计工作年限不低于结构设计工作年限的混凝土结构自防水技术对于保证地下工程防水质量具有重要意义。

1.0.2　地下工程是指建造在地下或水底以下的工程建筑物和构筑物,包括各种工业、交通、民用和人防等地下工程。本标准适用于普遍性的、带有共性要求的新建、改建和续建的地下工程防水,也适用于防护工程、轨道交通工程、管廊工程、蓄水池和水利工程等。

1.0.4　本条阐明了本标准与其他相关标准的关系。这种关系遵守协调一致、互相补充的原则,即无论是本标准还是其他相关标准,在设计、施工和质量验收中都应遵守,不得违反。

2 术语和符号

2.1 术 语

2.1.1 刚性防水是比柔性防水更早使用的一种防水形式,其具有耐久性长、原料来源广泛、方便传统施工等优点。刚性防水可以是以水泥、砂、石为原料,并掺入适量外加剂或高分子聚合物材料,起到抗裂防渗,达到混凝土结构本体自防水;也可采用在混凝土结构表面附加防水砂浆、聚合物、水泥涂料来实现混凝土结构的防水,其原理为在结构承载构件外层设置,作为结构主体在特殊情况下防水能效的补充,从而使工程达到防水效果。

2.1.2 "防水混凝土"与"自防水混凝土"应进行概念区分。防水混凝土一般指只要求抗渗等级指标的混凝土;自防水混凝土除抗渗等级指标外,还要求具备抗裂、自愈、抗冻、防腐、阻锈等性能,其自身的化学相容性、稳定性、耐久性要求较高,故本标准单独定义自防水混凝土概念,以对防水混凝土进行区分。

2.1.3 混凝土结构自防水是结构自防水体系依托物为钢筋混凝土承载构件时的情况,由于钢筋混凝土承载构件在生产中可通过掺入的外加剂与混凝土发生物理和化学反应,使其密实度提升,裂缝减少,从而具备防水能效。

由于近年柔性附加防水材料暴露出诸多污染问题和隐患,为进一步贯彻落实国家绿色环保可持续发展的政策导向,以无机物为主要材料的结构自防水和刚性附加防水材料在生产和使用时均不存在大气和水土的污染隐患,该类技术发展日渐成熟。工程案例最早可追溯到100多年前的青岛管沟等项目,目前结构自防水技术在国内工程应用项目已有数万例,经过实际工程案例亦证明了其防水性能和可行性,技术较为成熟,具有较好的发展前景,该类技术的应用对推动我省地下工程防水行业和构建生态文明社会具有重要意义。

2.1.4 本条术语附加防水层采用刚性防水材料,而刚性防水材料是指当外力作用的强度超过材料的极限时,出现脆性断裂的防水材料。微膨胀剂、减水剂、渗透结晶防水材料等外加剂不能独立成为防水材料,而渗入这些外加剂后的防水混凝土或防水砂浆属于刚性防水材料。

水泥基渗透结晶型防水材料的防水机理在于以水为载体,通过水的引导,借助强有力的渗透性,在混凝土微孔及毛细管中进行传输,发生物化反应,形成不溶于水的枝蔓状结晶体,故该防水材料归于砂浆防水层技术要求。

2.1.5 目前混凝土早期抗裂性能尚没有成熟的标准对其进行约束,然而混凝土结构实现自防水功能的前提是不仅要对其抗水渗透性能进行改善,还需要对其早期抗裂性能进行控制,本条术语早期裂缝降低率目的在于表征混凝土早期抗裂性能。

2.2 符 号

本节将标准中出现的符号进行汇总,为阅读本标准者提供方便。

3 防水设计

3.0.1、3.0.2 防水工程基本设计原则要综合考虑地下工程种类多样性、环境的复杂性和特殊性,并便于防水设计人员根据工程的特点进行适当的自由发挥,因此在勘查、设计、施工和运营维护的每个环节,都应该考虑防水要求,并根据工程所处环境及水文地质条件、工程防水等级和耐久性要求,以刚柔相济(钢筋混凝土承载构件为刚、变形缝为柔)的理念,选择适宜的防水措施。

3.0.5 由于地下工程不仅受地下水、上层滞水、毛细管水等的作用,也受地表水的作用,同时随着人们对水资源保护意识的加强,合理开发利用水资源的人为活动将会引起水文地质条件的改变,因此地下工程不能单纯以地下最高水位来确定工程防水标高。对附建式的全地下或半地下工程的设防高度,应高出室外地坪高程500 mm 以上,确保地下工程的正常使用。

3.0.7 浇筑空心楼盖结构、预应力混凝土空心楼板结构以及无梁楼盖结构的跨度较大,发生渗漏后不易查找渗漏源,大大增加了裂缝控制的难度;但在施工过程中如果可以有效地控制构件挠度和减少裂缝,现浇空心楼盖、无梁楼盖和预应力混凝土空心楼板结构是可以采用的,故在混凝土结构自防水体系中不宜采用。

3.0.8 地下工程结构细部构造防水的设计,应符合现行国家标准《地下工程防水技术规范》GB 50108 的规定。当前,混凝土结构自防水系统处于初级发展阶段,尚未在全国推广,中国建筑标准设计研究院有限公司发布有相关图集,如《建筑防水系统构造》(四十一)18JC40-41,全国有多个省份业已颁布相应的地方标准。

3.0.9 排水是指采用疏导的方法将地下水有组织地经排水系统排出,以减小地下水对结构的压力,从而辅助地下工程达到防水的目的。地下工程在进行防水方案选择时,可依据工程防水等级、工程所处的环境地质条件,适当考虑排水措施。在城市建(构)筑物、地下管线较为密集地区或环境敏感地区采取永久排水设计时,应进行环境影响评估论证。

4 自防水混凝土

4.1 一般规定

4.1.1、4.1.2 为了保证结构的可靠性,在配制混凝土配合比时,必须考虑到结构物的重要性、施工单位的施工水平等因素,采用一个比设计强度高的"配制强度",才能满足设计强度的要求。配制强度定得太低,结构物不安全;定得太高又浪费资金。所以,需要根据现场实际需要进行配制。

4.1.3 由于不同地域的混凝土材料差别较大,多种外加剂复合使用时对混凝土的性能造成的影响难以估计,通过单项检测结果难以推断多种外加剂复合使用在全省各地商混站使用结果,故但凡项目存在两种以上外加剂混合使用的情况,应经化学相容性检测合格后,方可施工。

4.2 原材料

4.2.1 目前地下工程中使用的水泥基本上都是通用硅酸盐水泥,通用硅酸盐水泥包括硅酸盐水泥、普通硅酸盐水泥、矿渣硅酸盐水泥、粉煤灰硅酸盐水泥、火山灰质硅酸盐水泥等,其中硅酸盐水泥、普通硅酸盐水泥、矿渣硅酸盐水泥是我国水泥市场的主导产品。在水泥品种中推荐使用硅酸盐水泥和普通硅酸盐水泥,主要是考虑水泥中的混合材料,现行国家标准《通用硅酸盐水泥》GB 175 规定,硅酸盐水泥混合材料掺量为 0~5%,普通硅酸盐水泥混合材料掺量为 5%~20%,因此混凝土搅拌站使用这种硅酸盐水泥和普通硅酸盐水泥生产防水混凝土时,可以另行掺加粉煤灰和矿渣粉等掺合料。但是在一些地方,如果没有合格的矿物掺合料,也可以采用矿渣硅酸盐水泥、粉煤灰硅酸盐水泥或火山灰质硅酸盐水泥制备自防水混凝土,但是需要通过试验确定抗渗等级达到设计要求。

4.2.2　矿物掺合料品种很多,但用于配制自防水混凝土的矿物掺合料主要是粉煤灰、硅粉及粒化高炉矿渣粉等。掺合料的品质对防水混凝土性能影响较大,掺量必须按照相关标准严格控制。

4.2.5、4.2.6　目前,我国处于基础设施大规模建设期,混凝土的用量非常大,且混凝土外加剂已经成为改善混凝土性能很重要的配料,有利于保证工程的耐久性和使用寿命等。本条规定的自防水混凝土外加剂,其匀质性指标应符合现行国家标准《混凝土外加剂》GB 8076 的规定,本条对外加剂的固体含量值在 20%~25% 的范围进行了缩小,同时,在混凝土外加剂各项性能满足本文件及相关标准的情况下,粉体和液体外加剂均可用于地下防水混凝土工程。其他性能指标符合受检混凝土的高性能减水剂早强型、标准型指标要求,表 4.2.6 注释中给出本条早期抗裂性能指标的计算依据。

4.2.7　氯离子含量高会导致混凝土的钢筋锈蚀,是影响结构耐久性能的主要危害之一,引发钢筋锈蚀的氯离子临界浓度变化很大,因此本标准规定自防水混凝土工程外加剂氯离子含量应小于0.10%(质量百分数)。

4.2.8　自防水混凝土要起到防水作用,除混凝土本身具有较高的密实性、抗渗性外,还要求混凝土具备良好的抗裂性。为了防止或减少混凝土裂缝的产生,在配制混凝土时加入一定量的纤维,可有效提高混凝土的抗裂性,近年来的工程实践已证明了这一点。可用于防水混凝土的合成纤维种类很多,如聚丙烯腈纤维、聚丙烯纤维、聚酰胺纤维或聚乙烯醇纤维等,故条文中增加了"纤维的品种及掺量应通过试验确定"这一条件。

4.3　质量控制

4.3.3　水胶比是确保防水混凝土抗渗性能的关键技术指标,降低水胶比不仅能够提高混凝土的抗渗性能,而且能够提高混凝土抵抗化学介质腐蚀的能力。研究证明水胶比小于0.50后,混凝土的渗透性大幅度降低,防水性能显著提高。目前国内取得住房和城乡建设部全国建设行业科技成果推广的防水材料和技术,能有效降低水胶比,大幅提高防水、抗渗效果,在混凝土施工工艺和养护措施良好的前提下能实现混凝土结构自防水。

4.3.6 自防水混凝土是通过调整配合比,掺加外加剂、掺合料等方法配制而成的一种混凝土,其抗渗等级是根据实验室试验测得的,为确保地下工程结构主体的防水效果,故将地下工程自防水混凝土的抗渗等级定为不小于P10。

4.3.7 本条规定抗渗等级提高一个等级是对试配混凝土的抗渗性试验而言的,混凝土抗渗压力是通过试验得出的数值,而施工现场环境比实验室差,其影响抗渗性能的因素较难控制,因此提高一个等级(0.2 MPa)。

4.3.12 新拌混凝土的工作性能主要是指和易性(流动性、可塑性、稳定性)、凝结时间、含气量等;硬化后自防水混凝土的力学性能主要指抗压强度,试验研究显示自防水混凝土7 d抗压强度基本能达到28 d抗压强度的65%以上,C50强度等级混凝土的7 d抗压强度能达到28 d抗压强度的80%以上,说明混凝土外加剂能促进混凝土早中期强度较快发展。

4.4 施 工

4.4.1 自防水混凝土施工前及时排除基坑内的积水十分重要,施工过程还应保证基坑处于无水状态。降雨、地面水的流入以及施工用水的积存都将增大自防水混凝土拌和物的水胶比,直接影响混凝土的密实性、抗渗性和抗压强度。

4.4.4 本条做了严禁直接加水的规定。因随意加水将改变原有规定的水胶比,而水胶比的增大不仅影响混凝土的强度,而且对混凝土的抗渗性影响极大,会造成渗漏水的隐患。

4.4.6、4.4.7 自防水混凝土的养护是至关重要的。在浇筑成型后,如混凝土养护不及时,混凝土内部的水分将迅速蒸发,使水泥水化不完全。而水分蒸发会造成毛细管网彼此连通,形成渗水通道,同时混凝土收缩增大,出现龟裂,抗渗性急剧下降,甚至完全丧失抗渗能力。若混凝土养护及时,自防水混凝土在潮湿的环境中或水中硬化,能使混凝土内的游离水分蒸发缓慢,水泥水化充分,水泥水化生成物堵塞毛细孔隙,因而形成不连通的毛细孔,提高混凝土的抗渗性。

混凝土养护措施有洒水、覆盖、喷涂养护剂等,可根据现场条件、环境温湿度、构件特点、技术要求、施工操作等因素确定。

5 附加防水层

5.1 一般规定

5.1.4 自防水混凝土地下室底板、侧墙及有回填土的顶板部位的附加防水层,一般应设置在其迎水面。因此,附加防水层不能在迎水面施工时,也可以设置在背水面,必要时应对附加防水层材料、施工工艺等进行检验、论证。当接触的水介质对混凝土有腐蚀性影响时,应将附加防水层设置在迎水面上,并采用耐侵蚀的防水砂浆或防水涂料。

5.1.5 附加防水层施工完毕后及时回填土,主要是为了防止附加防水层产生二次开裂失效。

5.2 砂浆防水层

5.2.1、5.2.2 防水砂浆指掺防水剂、掺合料和聚合物的砂浆。目前掺入各种防水剂、掺合料和聚合物的防水砂浆品种繁多,给设计和施工单位选用这些材料带来一定的困难。现行国家标准《地下工程防水技术规范》GB 50108 第4.2.8条列出了水泥防水砂浆和聚合物水泥防水砂浆的主要性能要求,其中防水砂浆的黏结强度和抗渗性是进场材料必检项目。

5.2.4 施工过程中二次加水会增大砂浆的水胶比,降低防水砂浆的抗渗性和抗裂性。

5.2.6 砂浆防水层采用分层施工,层与层之间可以有效弥补各自的缺陷。施工缝是水泥砂浆防水层的薄弱部位,施工缝接槎不严密及位置留设不当等导致防水层渗漏水。因此,水泥砂浆防水层各层应紧密结合,每层宜连续施工;若必须留槎,应采用阶梯坡形槎,但离开阴阳角处不得小于 200 mm。

5.3 涂料防水层

5.3.4 一般配成的涂料固化时间比较短,应按照一次用量确定配料的多少,在固化前用完;已经固化的涂料不能和未固化的涂料混合使用。防水涂膜在满足厚度的前提下,涂刷的遍数越多对成膜的密实度越好,因此采用多遍涂刷,但要保证每次涂膜的均匀性,不得有露底、漏涂和堆积现象。为保证施工搭接缝的防水质量,规定甩搓处搭接宽度应大于 100 mm,接涂前应将其甩搓表面处理干净。应对转角处、变形缝、施工缝和穿墙管等部位,设置胎体增强材料并增加涂刷遍数,以确保防水施工质量。

6 地下工程渗漏水治理

6.0.1 本章适用于地下工程的渗漏水治理。有的工程在施工过程中或验收前就有渗水现象发生，为使工程达到所设计的防水等级，工程验收前要按照设计的防水等级对渗漏水进行治理。

6.0.2 在渗漏水治理前，掌握工程的原防排水设计、施工记录和验收资料，是制订治理方案和选择堵漏材料的基础。收集资料是分析渗漏水原因、提出治理方案的前提条件之一，条文中提到的工程技术资料不一定每项都完全具体，但尽量收集齐全。

6.0.4、6.0.5 现行行业标准《地下工程渗漏治理技术规程》JGJ/T 212，对地下工程的不同结构形式的渗水情况提出了相应的治理方法，在进行渗漏水治理方案制订时，可作参考。

6.0.6 在渗漏水治理的各道工序中，有的属于隐蔽工程，如嵌缝作业的基面处理、注浆工程等，它关系到防水的质量好坏，因此要做好施工中的各项记录工作，随时进行检查，发现问题及时处理，上道工序未经验收合格，不得进行下道工序的施工，确保渗漏水治理工程的质量。

6.0.7 地下工程渗漏水治理中要重视排水工作，主要是将水量大的渗漏水排走，目的是减小渗漏水压，给渗漏水治理创造条件。排水的方法通常有两种，一种是自流排水，另一种是机械排水，当地形条件允许时尽可能采取自流排水，只有受到地形条件限制的时候，才将渗漏水通过排水沟引至集水井内，用水泵定期将水排出。渗漏水治理时若采取了排水措施，应防止排水可能造成的危害，如地基不均匀下沉等。

7 质量验收

7.1 一般规定

7.1.2 使用的材料应有产品合格证和出厂检验报告,材料的品种、规格、性能等应符合国家现行有关标准和设计要求。对进场的防水材料应抽样复检,并提供抽样试验报告,不合格的材料不得在工程中使用。

7.2 分部工程验收

7.2.1~7.2.3 地下工程混凝土结构自防水工程质量验收除应符合本标准的要求外,尚应符合现行国家标准《建筑工程施工质量验收统一标准》GB 50300 及相关标准的要求。

7.2.4 隐蔽工程是后续的工序或分项工程覆盖、包裹、遮挡的前一分项工程,地下工程混凝土结构自防水工程必须对隐蔽工程做好验收记录。本条仅列举常用的六项隐蔽工程,实际工作中应包含但不仅限于本条所列举内容;所有隐蔽工程均须经过检查验收符合规定方可进行隐蔽,避免因质量问题造成渗漏或不易修复而直接影响防水效果。